U0185743

WAS
IST
WAS
珍藏版
德国少年儿童百科知识全书
火山探秘
来自地底的火焰

WAS
IST
WAS
珍藏版
德国少年儿童百科知识全书
飞机的秘密
人类飞行的梦想

WAS
IST
WAS
珍藏版
德国少年儿童百科知识全书
船的故事
从独木舟到远洋邮轮

WAS
IST
WAS
珍藏版
德国少年儿童百科知识全书
穿越大自然
探究与保护

WAS
IST
WAS
珍藏版
德国少年儿童百科知识全书
爬行与两栖动物
壁虎、林蛙和巨蜥

WAS
IST
WAS
珍藏版
德国少年儿童百科知识全书
矿物与岩石
闪闪发亮的宝藏

WAS
IST
WAS
珍藏版
德国少年儿童百科知识全书
恐龙王国
永远消失的地球霸主

WAS
IST
WAS
珍藏版
德国少年儿童百科知识全书
鲸和海豚
海洋里的哺乳动物

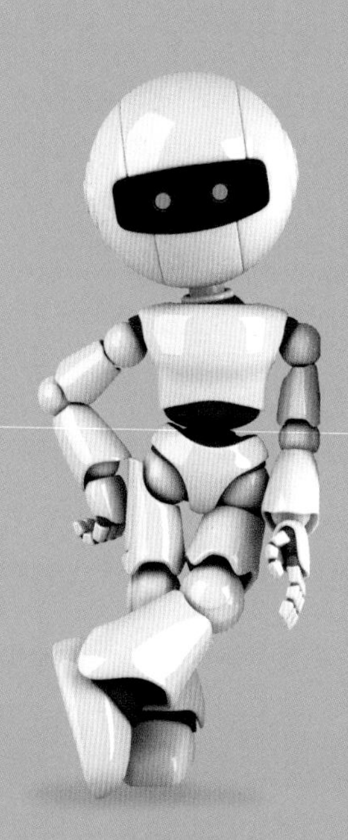

未完待续……

穿越大自然

探究与保护

[德] 安妮特·哈克巴特 / 著 姬健梅 / 译

航空工业出版社

方便区分出不同的主题！

真相大搜查

22 等到这只小狐狸长大了，它就会出去闯荡。树篱为什么会对它的闯荡有帮助？

4 森林

6 一只大斑啄木鸟在树洞旁，这个树洞会成为它的窝吗？

20 草地与树篱

符号箭头▶代表内容特别有趣！

20 树篱里充满了生命！各种浆果让动物可以吃饱喝足。

28 水 域

这只小家伙在这里做什么？它既不是熊，也不会洗东西，为什么叫作浣熊？

33

可生活在陆地与海洋的海豹。

42 城市里的大自然

36 山 区

44

城市里的野生动物令人惊讶。

金雕：空中之王，但不是唯一的飞行艺术家。

48 名词解释

重要名词解释！

“我们儿童要把未来掌握在自己手中”

9 岁的时候，菲利斯·芬克拜纳在学校里发表了一篇报告，内容是“北极熊的末日”。菲利斯住在德国巴伐利亚的阿默尔湖畔，他很震惊地发现北极熊这种大型猛兽的生存受到严重威胁，也许不久之后就会从地球上消失。

世界各地的气候愈来愈热，两极地带的冰川和冰层在融化，使得北极熊无法捕猎，只好挨饿。

我们很快就会感觉到气候变暖带来的改变：海平面上升，许多人将会失去家园，有些地方将不再适合植物生长，可怕的暴风会愈来愈强，破坏力愈来愈大。

菲利斯觉得我们应该要阻止气候变暖，可是对他来说大人做得太少，所以只有自己想办法做点什么。他呼吁同学一起来种树，因为树木能吸收空气中的二氧化碳，这些二氧化碳是从我们的烟囱和排气管里吹进大气层的。没过多久，菲利斯就获得许多志同道合的朋友的支持，尤其是他的家人。

他们成立了“种树救地球”组织，这项行动如今已经成了全球性的运动，这个组织的目标是在每一个国家种植 100 万棵树。菲利斯有这个想法是受到一位肯尼亚女士的启发，她和许多其他女性在非洲种植了 3000 万棵树，这位女士就是诺贝尔和平奖得主汪嘉丽·麦赛。

2011 年 12 月 7 日，联合国环境规划署把汪嘉丽·麦赛所发起的“10 亿棵树运动”交给了参与“种树救地球”运动的儿童和青少年，这对菲利斯的努力是极大的肯定。

到目前为止，在 97 个国家所种植的树木已经超过了 120 亿棵。

对话菲利斯

“种树救地球”组织的青少年儿童怀抱什么信念？

“借由种树，我们把自己的未来掌握在自己手中。因为树木是会从大气中吸收二氧化碳的‘设施’，而种树这件事对小孩子而言是轻而易举的，所以我们也能够影响未来。”

但你（几乎）仍然是个普通的男孩。

“现在我们已经有几千名儿童和青少年在到处演讲，因此我有足够的时间去玩滑雪板和越野单车，我还想开始玩风筝冲浪。”

是什么给了你动力来投身这份工作？

“如今全世界有超过10万名儿童参与这个活动，而且人数每天都在增加。在有些地区，短短几个月之内就有几百名、几千名儿童加入网上社群组织。世界各地的儿童都立刻响应，这鼓舞了我。不管是在中国、日本、美国、欧洲，不管我到哪里演讲、和当地的小朋友讨论，他们的反应全都相同：好，我们也一起做，把自己的未来掌握在自己手中，我们来种树！那些儿童立刻就相信自己有能力，也在他们的国家发表演讲，同时组织种树的行动。”

菲利斯不认为自己是英雄。他把汪嘉丽·麦赛当成楷模。

这张照片是2004年诺贝尔和平奖颁奖典礼上的汪嘉丽·麦赛。她和菲利斯·芬克拜纳（下图）在2011年初就已经讲好，要把他们两个人发起的行动加以联合。遗憾的是，这位诺贝尔和平奖得主在2011年9月去世了。

山猫在德国非常罕见，有少数几只被野放到巴伐利亚森林国家公园里生活。

光有很多树，还不能算是森林

你一定听说过针叶林、阔叶林或是混合林。与原始森林相反，经济林地是因为人类需要木材而种植的树林。你也需要木材，你的书桌、书架，甚至是放在书架上的书，都是由木材制造的。

树木会互相帮助

经济林地主要种植能够快速生长的树木，像是云杉，但大多数的动物无法在这种森林生存。而人们也发现，这种森林很容易受到害虫侵袭。

从前，在森林工作的人常常把大株的阔叶树从经济林地移走，因为他们认为阔叶树会抢走云杉的阳光和水。可是这个想法并不正确，阔叶树不仅能提供树荫，还能把水分储存在森林的土壤中。遇到狂风大作时，山毛榉、橡树和白蜡树也能发挥保护作用。但实际上，阔叶树更能承受风吹雨打，保护生长在它们后方或中间的云杉。云杉比较脆弱，遇到强风往往会折断，几乎就像牙签一样。

大斑啄木鸟经常在枯树上打洞筑巢。

森林需要重建

如果一座森林要重新以类似天然林的方式生长，就必须要有许多不同种类的树。人类往往会帮点忙，否则就得花上更长的时间，才能再度形成一座适合多样化的植物与动物生长的森林。森林管理员会决定该补种哪些树木，同时也会确定哪些树木该被砍伐。举例来说，如果发现云杉太多，挡住了山毛榉和冷杉的光线，那么这些云杉就会被移除。类似天然林的森林

在森林里工作很危险，所以必须穿着防护服。

也能替人类提供木材，不过，在德国巴伐利亚森林国家公园或哈尔茨国家公园这些地方，再过几年人类就完全不该再插手干预——这是目前的计划。专家把整个园区划分成好几个区域，对核心区域完全不做人为干扰，但对边缘区域或多或少会做一些管理。

充满生命的枯木

在云杉林里，坏死的木头常常要进行移除。这是树皮甲虫闯的祸，它在枯死的云杉里大量繁殖，之后还会损害健康的云杉，直到树木枯死。不过，在类似的天然林，枯木会被许多动物与植物利用，尤其是阔叶树的枯木。这些动植物会分解木头，木头会先变干，接着腐朽，然后成了碎屑，最后变成森林土壤的肥料。这会在不同的阶段发生，而且需要很长一段时间。

树皮甲虫

你知道吗?

要分解一根枯死的树干，大约需要600种菌类，例如菌蕈，以及大约1350种甲虫参与，另外还有许多食用这些菌类和甲虫的动物。因此，在一座天然森林里会出现更多不同的物种。此外，枯木也是许多动物的家。

在这里你可以找到森林茂密的德国国家公园

石勒苏益格—荷尔斯泰因
梅克伦堡—前波美拉尼亚
汉堡
不来梅
下萨克森
布兰登堡
柏林
萨克森—安哈特
北莱茵—威斯特法伦
萨克森
图林根
黑森
莱茵—法尔兹
巴伐利亚
巴登—符腾堡

哈尔茨国家公园里优美动人的景色

萨克森小瑞士国家公园

海尼希国家公园里的林中小径

阳光照耀下的巴伐利亚森林国家公园

森林的各个“楼层”

住在“高楼层”的动物享有景观好的房间，它们生活在乔木层。住在树洞里的动物，如啄木鸟和睡鼠（1），俯视着其他动物。松鼠（2）在树叶之间跳来跳去，建造它们的窝。另外，山雀（3）也会在高高的树洞筑巢，因此树冠的顶端主要是鸟类的王国。

灌木和小树主宰了灌木层。覆盆子（5）、黑莓、接骨木、榛果（6）和许多其他种灌木生长在阳光充足的地方。许多动物在这里找到食物，也有些动物在灌木层找到栖身的地方：鸟类在其中筑巢，榛睡鼠和鼩鼱在灌木底下住得舒舒服服的。

这个楼层叫作草本层，由蕨类（7）、树苗、青草和草花构成，例如野樱草和银莲花（8）就属于草花。许多昆虫在这里来来去去，但体型较大的动物也会在这里出没，如狍子（9）、狐狸（10）和野猪（11）。

地表层，也就是森林底层，住着蚂蚁（12）和蜘蛛，也是老鼠（13）和刺猬这些小型哺乳类动物生活的地方。不过，许多鸟类也会飞下来，在落叶和苔藓之间寻找食物，像是蠕虫（14）。菇类在这里生长，有足够的阳光穿过树叶照进来的地方，也会生长小型的被子植物，像是雪片莲、野草莓和欧洲细辛。

在树丛中总是很热闹

在夏天的夜晚，到处一片漆黑，只有一丝月光从树叶之间透出来。突然，一个阴森的声音响起，拖得很长，让人听了浑身起鸡皮疙瘩。“呼呼……”的叫声响彻树林，接着又是一声“呼呼……”从另一个方向传来，没有多久就成了合唱团。“呼呼……”声似乎从四面八方传来，而树叶和树木又把回声传回来。那是灰林鸮(4)的雏鸟在叫，它们在呼唤爸妈，告诉爸妈它们爬到哪儿了，在哪里等待喂食。只要知道这些声音是从哪来的，你就不必害怕。可是老鼠和睡鼠就不同了，这会儿它们要提高警觉，以免成了猫头鹰的食物。

你知道吗?

在德文里，Astlinge（小枝子）这个名称指的并不是一根树枝的小小分杈，而是用来称呼灰林鸮的幼鸟。它们会有这个名字，是因为它们在稍微能爬之后，就会离开鸟巢，然后栖息在树枝上。

灰林鸮的幼鸟会从鸟巢里爬出来。在这张照片中，它们坐在一起，但它们常常会各自找个位置，在那里接受爸妈喂食。

那里都长了些什么？

在一座类似天然林的混合林里长着各种植物，其中大多数你一定都看过，可是你知道它们叫什么名字吗?

橡 树

橡树的高度通常在 25 米左右，而且会大幅度横向生长。这种阔叶树的寿命一般很长，树皮上有沟纹，年纪大了以后，树干会变得弯弯曲曲的。橡树的果实叫作橡实，是森林中许多动物的食物，其中体型最大的是野猪，最小的是林姬鼠，而松鸦的德文名字 Eichelhäher 就是从 Eichel（橡实）来的。

橡树的叶子长长的，边缘有明显的波浪状，下方是短短的叶柄。

不可思议！

德国最老的橡树是一棵“法庭橡树”，耸立在北莱茵－威斯特法伦的埃勒村，大约有 850 岁了。它是如此古老，古时候的日耳曼人曾经在这棵树下进行审判。在中古时代，肯定也有些骑士骑着马从它旁边经过。

覆盆子和黑莓灌木

这些浆果人人都认识，而且成熟的果实味道好极了。可是千万别吃落在地上的浆果，也不要摘长在灌木下半部分的浆果来吃，而是要去摘你需要伸长手臂才够得到的果子。因为长在灌木下半部分的浆果可能会有危险的寄生虫，回到家里请把浆果好好洗干净再吃。

山毛榉的叶子为卵形，坚硬而且有光泽。

1. 黑莓
2. 覆盆子

山毛榉

和橡树不同，山毛榉的树皮是光滑的，呈银灰色，树干也比橡树直挺。跟橡树一样，山毛榉的枝丫和老树上的树洞，提供了许多动物栖息的地方。山毛榉在秋天所结的果实，也是许多动物爱吃的食物。

1. 毒蝇伞，小心有毒。
2. 牛肝菌

云杉的种子在球果里长大，等到种子成熟，球果就会裂开，种子继而掉出来。

菇（蕈）类

它们几乎全年都会生长，颜色明亮，在森林的地面上密密麻麻地生长着。在秋天，菌丝长了出来，形成菌柄和菌伞。这时候人们就可以提着篮子、带把小刀，到森林里寻找可以食用的菇类。这是专家才能做的工作，因为许多菇类是有毒的。尽管如此，这些菇类在大自然中肩负着重要的任务，它们能把落叶和枯木变成新鲜的森林土壤。

云　杉

这种针叶树属于生长速度较快的树木，是重要的木材来源。年轻的云杉树皮相当光滑，带点红色，之后就会变得比较粗糙，成为褐色。云杉是常绿树，意思是它的针叶在冬天也不会掉落，因此当阔叶树在冬天变得光秃秃的时候，云杉替许多动物提供了重要的保护，让它们躲藏在树上。

鳞毛蕨

森林里有各式各样的蕨类，而鳞毛蕨是最常见的一种。在夏天，如果把它的叶片抖一抖，就仿佛抖落了一大片灰尘——那些“灰尘”其实是孢子。蕨类、苔类、藓类和菇类要繁殖时不会产生种子，而是产生孢子。有些人对孢子过敏，所以可别把鼻子凑过去。

松　树

和云杉相比，松树的针叶比较长，球果比较短、胖。要分辨松树和云杉，你可以闻一闻它们的树枝。松树的树枝有股特别的气味，那是松脂的味道。

松树的球果短而胖，向上方生长。

知识加油站

针叶树也会落叶，但是数量很少。在健康的情况下，针叶树一边掉叶，一边会长出新的叶子，而掉落的叶子永远比新长出来的少，因此我们不会注意到它在掉叶子。

是什么在那里爬，在那里跑，在那里飞？

你知道吗？狍从前并不是待在森林里的。你能想象獾的地下巢穴有暖气吗？你一定相信聪明的狐狸在青黄不接的时候会储存粮食，对吗？但你肯定不知道小小的林姬鼠对森林这个生态系统有多么重要。

知识加油站

▶ 狍属于哺乳纲偶蹄目鹿科，有着细长的颈部及大眼睛。身长 1–1.2 米，体色草黄或微红，尾巴很短，只有雄性才长角，为草食动物。

会远足的野猪

野猪是地道的森林居民，但偶尔也喜欢出来逛逛。因为人类为它准备了丰盛的食物，例如一片又一片的玉米田，张开嘴就能吃到，而且在玉米田里能好好躲藏。野猪胃口好，再加上胆子很大，它们甚至会来到大城市的边缘。

害羞的狍

狍在白天大多会藏进森林，躲避人类和汽车。从前，当人类和汽车还没有那么多的时候，它常走出宁静的森林；如今它通常只在早晨或黄昏走到草地上、牧场上和农田里去吃草。

勤劳的獾

獾过着群体生活，挖掘巨大的地下巢穴。它的巢穴可以长达 30 厘米，而且有好几个入口。大约在地下 5 米深的地方是它的住处，有点像客厅兼卧室。有些獾的巢穴已经使用许多年，会一再被扩建，由长长的通道互相连接。在冬天，獾会在住处铺上落叶和苔藓；这些材料会分解，分解时会发热，可以发挥暖炉的功能，这在寒冷的冬日里很实用。

聪明的狐狸

红狐狸有时候会搬进獾洞巢的一个入口，这样一来，它就不必自己挖一个家。这两种森林居民住在一起通常都能相安无事，狐狸会把食物储存在不同的地方，而且几乎都能被找到，甚至还记得哪一种食物放在哪个地方。如果食物变得稀少，它们会先找到存放最佳食物的地方，那些比较不好吃、没营养的食物就先留着，等到实在找不到更好的食物时再吃。

夜间活动的雕鸮和灰林鸮

雕鸮和灰林鸮都是猫头鹰，但是雕鸮的体型大得多。你在这张图片上看见的就是雕鸮。灰林鸮要小心提防雕鸮，因为它会毫不犹豫地把其他体型较小的“亲戚”当成食物。这两种猫头鹰都住在森林里，但也需要空旷的地方，因为在那里更能好好捕猎。这是有道理的，因为在空旷的地方，没有那么多树木挡住飞行路线。这两种动物主要是在夜间活动，所以眼睛才会这么大，大眼睛让它们能捕捉到任何一丝月光，所以在黑暗中它们比我们看得更清楚。

掘土的林姬鼠

林姬鼠有一对大耳朵和一双圆圆的大眼睛，模样很可爱。虽然林姬鼠很小，在森林生态系统里却肩负着好几种重要的责任，可以说是森林里的园丁。它会把许多坚果和各种种子埋进土里，作为冬天的存粮，但是却没法把它们全都吃完。不久之后，这些种子就长出新的树木。此外，空气得以透过它的巢穴进入土壤。它是食物链中很重要的一环，不过，它生活中也有不太愉快的一面，因为对雕鸮、灰林鸮和狐狸来说，林姬鼠是它们每日的食物。

森林也有园丁

就跟苗圃一样，森林的土地也会为了种植新的小树而做好准备。例如，首先得要松土、施肥，让植物能在那里扎根，并且得到足够的养分。在一座花园里，这是园丁的工作；在一片森林里，这些任务由许多动物和植物来执行。

松鸦的德文名字（Eichelhäher）就是根据它嘴里叼着的橡实（Eichel）而来，这是它最喜欢的食物。

准备工作最重要

细菌和真菌会把枯木和秋天的落叶变成肥料。老鼠、蚯蚓和其他的小动物会挖掘土壤，让土壤通风。在挖土这件工作上，体型大得多的野猪也帮了不少忙，野猪会把森林土壤翻一遍。它们在找什么呢？它们找的是可口的小东西，像是昆虫幼虫、植物的根、蠕虫，甚至是老鼠。

松鼠会帮忙种植树木。

知识加油站

- 生活在一汤匙大小的森林土壤中的生物数量，要比地球上的人类还多。

坚果是怎么进入土壤中的

园丁通常也负责他所照顾植物的繁殖工作，例如撒下植物的种子。在森林里，这件事由动物来帮忙，过程是这样的：松鼠会在秋天储存过冬的粮食，它们把橡实、榛果和核桃藏在枝杈上和洞穴里，或是埋进土中。它们会用前脚在地上挖一个洞，把采集到的果实放进去，然后将洞口埋起来，最后再用鼻子压实泥土。等到白天变短、天气变冷，冬天来临的时候，它们会回到窝里躺着，但并不是深沉的冬眠。这些毛茸茸的啮齿动物总是一再醒来，因为肚子饿了，便要赶紧一蹦一跳地前往它们几百个食物储藏所当中的一个。尽管隔着积雪，它们还是能嗅到那些坚果，不过有些存粮会被遗忘，有些则是储存了过多的粮食，最后吃不完，等到来年的春天，从那些地方就会冒出小小的树苗。

再聪明的动物偶尔也会忘记

鸟类和松鼠一样会未雨绸缪，它们需要食物来挨过冬天，所以得及时做好准备，才能在寒冷的季节里有足够的粮食可吃。鸟类也会储存粮食，例如松鸦会把橡树、山毛榉和针叶树的果实埋藏起来。当然，它们用的不是前脚，因为它们并没有前脚，它们用的是结实的喙。松鸦属于鸦科，大家都知道这一科的鸟类非常聪明，尽管如此，它们偶尔还是会找不到自己所藏的果实，之后在藏着果实的地方就会长出小树苗。

肥料加种子——二合一包装

许多灌木是透过地下根的分支来繁殖，但是以这种方式没办法繁殖到较远的距离。因此，大自然得想出别的办法来。例如，覆盆子是这样繁殖的：它制造出大量超级可口的果实，不管是狍、獾、狐狸、鸫鸟等鸟类，森林里几乎所有的动物都爱吃它的果实。一颗覆盆子果实上有无数细小的种子，这些种子进入许多不同的胃，过些时候就被排泄出来。果肉会被消化，种子却不会，因此这些种子在某个时候落在森林的土地上，正好被包裹在肥料里，十分方便，而且是在所有的动物都已经离开的地方，等到它们下一次要上厕所时才会再来。所以说，多亏了这些贪吃的动物，森林里才会到处都长出新的覆盆子。

野猪（1）、蚯蚓（2）还有像土鳖虫（3）这样的小生物都会掘松土壤，让土地为植物的繁殖做好准备。

森林能做很多事

森林由许多不同种类的树木所构成，它不仅让动物和植物有个家，也为我们人类做了许多事。

清净空气

人类制造出大量的脏东西，例如当我们驾驶汽车或是在家里使用暖气，都会排出各式各样的有害气体。你从冒烟的烟囱或是汽车的排气管就能看见这些废气。接着风把这些烟尘和灰尘吹到了森林，经过森林的过滤，风又把干净的空气从森林里吹出来。树木主要是透过叶片来吸收这些废气，借由化学反应把废气留住，因此森林具有过滤空气的功能。

制造氧气

我们呼吸的时候会消耗氧气，而植物在生长时会制造氧气。虽然植物也需要用到一些氧气，但整体而言，一棵树还是会生产许多氧气供我们使用。

储存水分并加以过滤

森林不只会净化空气，也有净水的功能。这是因为森林的土壤既是过滤器，也是海绵。雨水会渗进森林的土壤，经过过滤、净化之后，储存在土壤中。你可以试试看，到森林里挖一些泥土，等泥土干燥，然后拿个旧水桶来，在桶底钻几个洞，再铺上一条旧抹布，接着把泥土倒进桶里，再倒进含泥沙的水，直到泥土被盖住。现在你看见了什么？泥土膨胀了起来。如果这时你把装着泥土的这个桶放在一个空的容器上，过了一会儿你就会看见从桶底渗出来的液体十分清澈。也就是说，这些水经过了过滤。对了，等你做完这个实验，请把桶里的泥土再带回户外，因为泥土里有许多微小的生物。

知识加油站

▶ 有些人会觉得在森林里散步最能够让他们恢复精神。这并不是一种幻觉，因为许多种类的树木会散发出芬多精，再加上干净的空气，这两者都对我们的肺部有益。

有些森林有小溪流过，不过大多数的雨水会渗进泥土中，储存在森林的土壤里，然后被树根吸收。

➜ 你知道吗？

一棵 100 岁的山毛榉在山毛榉家族中来说还算是很年轻！这种树每年能制造出 4600 千克的氧气，足够让一个成年人呼吸 13 年。

大型空气滤净器是必要的！

一座大约有 10 个足球场那么大的森林，每年能从大气中过滤掉多达 50 吨的烟尘和灰尘。

揭开森林的秘密

如果能在森林中上课，知道森林的所有秘密，是不是很棒呢？目前已经有许多森林幼儿园和森林小学，也有专设的森林学习步道，有些城市与小区还提供了由专家带领的森林健行活动。如果有兴趣，可以询问爸妈能不能一起去参加这样的远足活动。

放眼望去 全是绿色

森林管理员管理人造森林，这是指由人类经营的森林。他可以决定要砍掉哪些树，再种植哪些树。毕竟许多森林是用来生产木材的，因此他得要想办法让树木长得又直又好。砍下的树干必须按照顾客的要求进行加工，而且要及时完工。这些都是森林管理员的工作，而他所做的事情还有更多。例如为了让健身、散步、慢跑、遛狗、骑马、骑自行车的人都能够顺利通行，林间的道路必须要加以维护。也常常会有学生到森林来认识大自然，听森林管理员介绍森林里的动物和植物。

除此之外，他也要注意自己所管理林地的生态平衡，视情况决定是否需要捕猎一些动物。举例来说，如果有太多的狍把树木咬坏，那就要注意它的数量了。一般人往往会把森林管理员和猎人弄混了，虽然也有些森林管理员会去打猎，但不一定都是这样。

你知道吗？

为什么森林管理员常常穿绿色的衣服？从前的人以为在森林里穿着绿色衣服是最好的掩护，不容易被野生动物发现，其实他们穿着粉红色的衣服走来走去也没有关系，因为据我们所知，大多数的野生动物唯一能够分辨的颜色是蓝色。所以，如果想要观察野生动物，而不想引起它们的注意，除了蓝色，什么颜色的衣服都可以穿。

如今有了新科技——“全球定位系统”（GPS）也能帮上忙。靠着GPS，可以确定林区的边界在哪里，也可以用来找到边界石，并且得知一块林地的面积。

森林管理员在自己管理的林地中几乎不会迷路，使用指南针不是要知道自己所在的位置，而是为了在地图上记录某一棵树的位置，让森林工人能够很容易地找到那棵树。

编号机　森林管理员可以把每一棵树用不同号码清楚地标示出来。依照顺序编号的小牌子被放进一个小盒子，再用锤子牢牢地敲进树干。

森林管理员以一个测量用的夹钳，来确认树干有多粗。知道这一点，才能知道这棵树能提供多少木材，以及这棵树是否已经成熟到可以砍伐。

可以用喷雾颜料在树干上做标记。

计数器　要清点大量物品的时候，计数器就很实用，数到一件物品时就按一下。有了计数器，森林管理员在清点树木的时候就不会数错，例如在树苗长得很密的林地，或是要计算叠在一起的原木有几根时，计数器就能派上用场了。

怎么才能成为森林管理员?

森林管理员通常都读过大学，学校里有不少科系的学生都会学习到树木的知识，还有许多其他相关的知识。每个科系的研究方向不同，学习重点也不同，有些着重在木材的生产和林业的持续经营，有的则着重森林生态和野生动物。

森林管理员其实并不需要一条狗，但是这位森林管理员养了一只威玛猎犬，不管他走到哪里，它几乎都会跟着，所以这张照片上也不能少了它。

树篱里的盛宴

你一定在许多花园里见过树篱，它们通常都只由一种植物构成，像是香柏、鹅耳枥或女贞。大自然却提供了更缤纷多彩的树篱，自然形成的树篱由许多不同种类的灌木构成，它们在不同的季节开花，陆续结果，所以很长一段时间都能为各种动物提供食物。此外，各种灌木混生在一起，也提供了很棒的动物藏身地点。

许多动物的家

你一定知道，如果一个地方生长着许多不同种类的植物，往往也会住着许多不同种类的动物。生活在树篱里的动物可以多达 7000 种，尤其是许多鸟类能在天然树篱里找到安全的筑巢地点，也能找到昆虫、浆果和坚果作为食物。你以为蟾蜍一定是住在池塘里吗？并不完全是这样，例如大蟾蜍就舒舒服服地住在树篱里，和鼩鼠、白鼬、松貂当邻居。野兔喜欢吃长在灌木之间的杂草，它和狍、獾、雉鸡、山鹑都利用树篱来躲藏。像老鼠这样的小动物，一不小心就会被在空中盘旋的鹰抓走。

长得高高的树篱

从前树篱被当成围住家畜的天然栅栏，也可以用来界定范围。在德国北部常刮强风，农田之间大多用高高的树篱来防风，以免土壤被吹走。这种长满树篱的土堤在当地被称为“折”，之所以叫这个名字，是因为从前的人会折下树枝和小树来当作柴火，也或许是因为树篱长得太宽而必须折掉一些。这个传统经得起时间的考验，这些长满树篱的土堤有些已经有 5000 年历史。在德国许多地区，人类为了取得更多耕地而摧毁原有的树篱，不过由于自然保护人士和一些明智的人了解树篱对植物与动物有多么重要，现在树篱受到了保护。

你知道吗？

鸟类当中有两种美食家：食用软性食物的鸟有细长的喙，偏好吃昆虫和浆果；吃谷粒的鸟则有厚而短的喙，因为它们常常得要啄开谷粒的硬壳。

苍头燕雀

乌鸫

花楸树的果实（1）、沙棘的浆果（2）以及蓝莓（3）在秋天成熟，直到冬天都还能为老鼠、鸟类和许多种其他动物提供食物，例如照片中这只巢鼠。

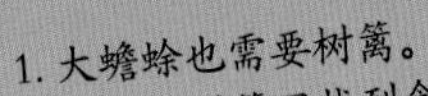

1. 大蟾蜍也需要树篱。
2. 野兔在树篱里找到食物和躲藏的地方。
3. 这只林姬鼠正在吃黑莓。
4. 两只雄雉鸡在打斗。

有趣的事实

绵延的树篱

石勒苏益格—荷尔斯泰因有全长4.6万千米的树篱，如果把它们彼此连接起来，可以绕地球1圈。而石勒苏益格—荷尔斯泰因只是德国各州当中面积较小的一个州。

许多蜘蛛在树枝之间结网，就像这只鬼蛛。

要不是有这些昆虫，许多鸟类就会没有东西可吃。图（1）是闪着金属光泽的步行虫，图（2）是毛山蚁。

原野的命脉

动物不一定会待在同一个地方或是地盘上，它们会迁移。年轻的雄鹿、狐狸、獾，还有许许多多的动物长到够大的时候，必须去找一块属于自己的地盘。在交配季节也会有许多动物四处徘徊，目的是为了找到合适的伴侣来建立家庭。这时候几乎什么也挡不住它们，它们会穿越公路，甚至是高速公路，这当然很危险。对许多动物来说，只是穿越一大片农田就已经是个风险，因为那里也许潜伏着许多饥饿的天敌。

树篱能帮上大忙

这里有个自然保护区，那边有座类似天然林的森林，或许对动物来说很棒，可是这些地方如果能用一段段的树篱连接起来，那就更好了。就跟我们使用纵横交错的高速公路和道路一样，动物也应该拥有更多的漫游通道，让它们在途中可以得到保护和食物。这不仅对哺乳类、两栖类和爬行动物很重要，对所有的昆虫来说也很重要。

为了找到一块地盘，年轻的狍必须迁徙。

它还得要再长大一点，才能够迁徙。

种了植物的桥，让野生动物能够平安穿越宽阔的公路。我们还需要更多像这样的桥。

树篱像道路一样分布在这片原野上，对野生动物来说，这是理想的通道。

想象一下……

想象一下，你是只年轻的狐狸，快要满一岁了，几乎已经成年。也许你还会在爸妈的地盘上再待一年，帮忙照顾新生的弟弟妹妹（通常是年轻的母狐狸会这么做）。即便如此，有朝一日你还是会建立自己的家庭。首先，你得要有属于自己的地盘，而这不是件容易的事。你得长时间到处走来走去，才能走到一个还不属于其他狐狸的地方。在前往那里的途中有许多公路和铁路，所以会遇到许多危险。你会遇到也在寻找地盘的公鹿，还有年轻的獾，有时候甚至会在河边斜坡上遇到一只河狸。每年都有成千上万的年轻动物，以这种方式到处游荡，有些能在附近找到一块地盘，但是许多动物必须要漫游到很远的地方。假如这些动物都能够在安全的小径上平安地漫游，这不是很棒吗？

漫游途中的障碍

在像德国这样人口稠密的国家，适合动物漫游的路径总是在某个时候就到了终点，例如碰上了一条大马路。为了给它们一点方便，人类有时候会在高速公路上方造一座桥，或是在道路下方挖一条地道，沿着公路会建起长长的栅栏，引导那些野生动物走到能让它们平安穿越车道的地方。它们学得很快，渐渐会习惯利用桥和地道，例如从它们常去吃草的大片草地再回到森林，或是到一个有水的地方。像这样的栅栏当然拦不住蟾蜍和甲虫，但是它们会沿着能保护它们的灌木和树篱走，然后被引导到由绿色植物构成的桥上。

替野生动物造桥

假如我们能有更多这种安全的通道，如今稀有的斑猫就能分散开来，在新的生活空间繁殖。成群的野猪也不必穿越高速公路，偶尔在公路上造成严重的交通事故。可惜我们缺少很多树篱及供野生动物通行的桥和地道，能让动物平安迁徙。许多自然保护团体要求建造更多这种通道，而且已经有了一些成果。

蟾蜍也得要长途跋涉，穿越危险的马路。在上图中你可以看见一道挡住蟾蜍的围栏，这道围栏可以引导它们走上平安的路径。

一只母狍把宝宝藏在草丛里。

草地上的天堂

每一片草地都不一样，所以没有所谓标准的草地。草地是由各种不同的青草和杂草构成，在德国，草地往往是由人们播种长成的，所以要看播种时用的是哪些种子。在那之后草地会怎么发展，受到许多因素的影响。例如土壤的性质、土壤具有的养分、来这片草地吃草的是哪些动物，还有降雨量的多少。

重点在于多样性

随着时间的推移，在草地上会形成丰富的生态系统。如果我们希望有一片会开花的草地，就不能太常割草和施肥，否则物种的多样性就会消失，结果就只是一片普通的绿色草地，像是院子或是足球场。假如完全不割草、也不在草地上放牧，那么几年之后，草地就会在灌木林和树木底下消失。在德国的某些地区有大自然保护计划，来保存缤纷多彩的草地多样性，各种动物是重要的帮手，像是牛、马、绵羊和山羊。

共同生长

从前草地上有更多的马、牛、羊。农民把草割下、晒干，让牲口在冬天时有干草可吃。偶尔草地上会出现零星的果树，这些果树提供了人类与动物额外的苹果、梨子和其他水果。对野生动物来说，这里是真正的天堂，也是人类、家畜与野生动物互利共生的好例子。蜜蜂与熊蜂替树木授粉，野兔和家兔，甚至狍子和老鼠都能找到充足的食物，鹨和凤头麦鸡这些利用地面育雏的鸟，也能有地方孵蛋。可是，由于人类需要愈来愈多的农田来种植谷物、玉米和油菜，草地和天然果树也就愈来愈少。

草地是许多动物的育婴室

狍子妈妈和野兔妈妈不是把它们的宝宝藏在森林里，而是藏在长得高高的草丛中。妈妈一天只会过来一两次，通常是在黄昏或清晨前来喂奶。这听起来好像很无情，却是大自然的巧妙安排，因为狐狸和狼能闻到母狍子和母兔的气味，母狍子和母兔通常跑得够快，碰到这些肉食性动物能够逃走；然而狍子宝宝和兔宝宝还没办法跑得那么快，幸好它们这时身上几乎还没有气味。假如妈妈常去看它们，停留太久，妈妈的气味会泄露宝宝躲藏的地方，它们就会有生命危险。

你知道吗?

为了找到在草丛中的狍子宝宝，妈妈会发出尖细的叫声，宝宝也会发出叫声回应。狍子并不像许多人所以为的那么安静，它们有时候甚至会嚎叫。如果发现附近有天敌出现，它们会用嚎叫来告诉天敌：“我知道你在那里，攻击我是没有意义的。”其他的狍子也能借此知道有危险了。另外，也会用声音来互相通知自己所在的位置。

图中这只凤头麦鸡属于在草地上孵蛋的鸟，它需要不经常除草的草地。

鹨也是在草地上孵蛋的鸟，它会在地面筑巢。

野兔宝宝躲在高高的草丛里，就像狍子宝宝一样。

熊蜂和蝴蝶吸食草地上花朵的花蜜，同时替这些花朵授粉。

知识加油站

▶ 草地除了面积要够大，还要有草食动物，才会发展出自然平衡的状态。从前在美洲靠的是美洲野牛，如今在非洲仍然仰赖角马、斑马和大象。北美洲中部的草原和非洲的热带稀树草原，其实就是一片超级的大草地。

会咕嘟咕嘟响的地方

有很长一段时间，大家都认为沼泽是阴森恐怖而又危险的地方。据说人会在沼泽里沉没，谁要是离开了安全的地方，他就完蛋了。浓稠的泥浆一旦抓住他，就不会再放开，这个不幸的人就会慢慢沉下去，从此失去踪迹。这是从前的父母会说给孩子听的恐怖故事，以免小孩子跑到离家太远的地方。不过，这个故事也有真实之处，故事的核心部分是真的。

受到威胁的生存空间

从前的男性会到沼泽地挖掘泥炭，有上百年的时间，晒干的泥炭是宝贵的燃料，家庭用它来烧火取暖，也可以贩卖。随着时间的推移，许多沼泽地区都消失了，如今还存在的沼泽地通常不像以往那么大，不至于让人迷路。幸好如今人类已经看出沼泽是值得保护的区域，每一片沼泽都是一个独特的生态系统，为许多动物提供了生存空间。

沼泽是酸性的

沼泽总是很潮湿，要形成一片沼泽，先决条件是土壤总是吸满了水，在有些地方甚至常常还有积水。森林里的落叶和枯死的植物会被转化成腐殖土，但在沼泽地里却是被转化成泥炭，因为水面下没有氧气来促进腐化的过程。而且，沼泽的底部会发酵，因此产生沼气，形成气泡浮上来，再咕嘟一声破掉。沉下去的树叶和树枝要经过很久才会被分解，但含有碳酸钙的石灰性沉积物被分解的速度就快得多，这是因为在沼泽里分布很广的泥炭藓让沼泽的水带有酸性，使得骨头一类的石灰性沉积物质很快被分解掉。

你知道吗？

食肉植物这个名称其实不大正确，毕竟这些植物都没有嘴可以用来吃掉昆虫。它们消化昆虫的过程不同，例如捕蝇草的叶面有像胃液一般的液体，如果一只苍蝇被它黏住，会在外面被消化，养分就经由叶片被植物吸收。

黑琴鸡

黑琴鸡以引人注目的求偶舞蹈而知名，这种大型鸟现在很罕见。

金斑鸻

金斑鸻在德国也几乎绝迹了，只有在下萨克森州的沼泽地还有几对。

田野林蛙

一年当中只有两三天，雄田野林蛙会穿上漂亮的衣裳，以吸引雌蛙和它交配，雄蛙的外观会变成发亮的深蓝色。至于其余日子，它就又穿上不显眼的褐色外衣，这样才能好好伪装起来，以免被天敌发现。

蓝灰蝶

蓝色似乎是属于沼泽的颜色，就跟所有的蝴蝶一样，蓝灰蝶在飞行时也像是在空中舞蹈。它总是在寻找花朵，能让它吸吮花蜜，吃个饱。不过，如今已很少见到蓝灰蝶飞舞，因为这种蝴蝶不多了。

毛毡苔

毛毡苔是受到严密保护的植物。这种植物表面看起来一滴滴的东西不是露水，而是一种能够粘住昆虫的黏液。每一种毛毡苔都是肉食性的。

令人胆战心惊!

的确有沉没在沼泽里的尸体。这是几百年前，甚至几千年前在沼泽里沉没的人。由于化学作用而在沼泽里被保存下来，几乎就跟古埃及的木乃伊一样。

由于沼泽的水是酸性的，沼泽里的尸体头发会变红，皮肤会变黑。

易北河，一切都顺利吗？

这是易北河的源头，这条大河的源头就只有这么小。当地人造了一个铁环把它围住，作为标记。

易北河里的鱼的种类比欧洲其他的河流都多。易北河全长超过 1000 千米，在流入大海的途中经过各种不同的地形，它穿过高山和湿地，把大型洋轮送到德国汉堡市的港口。毫无疑问，易北河是条见多识广的河流，有很多故事可说。

从这么小的源头，怎么会变成一条大河？

每个人都是由小变大，我也一样。其实我一直在变大，嗯，这些水汇聚在一起，因为我吸取了大片地区的水。

水是如何变多的……？

别急，我马上就会解释。嗯，我从捷克的巨人山脉发源，当积雪在春天融化，融化的雪水就汇成许多小溪，从山上流下来，同时和雨水混合在一起。接着我就会流过中等高度的山区，再流经德勒斯登、马德堡和汉堡这些城市，直到库克斯港，我在那里流进北海。在流入大海的途中，我还有许多支流，像是穆尔岛河、萨勒河、阿尔斯特河等。所以我的水就变多了。

那些水为什么不是留在地面上，而是流入河里？

我的河水替我自己开路，在土壤比较松软的地方挖掘得比较深。几千年来都是这样，可惜如今这件事已不再由我们河流自己来做了。

那么是谁在帮忙你们挖掘呢？

喔，是人类很卖力地帮忙挖。在有些地方我的河水不够深，没办法让人类的船只通行。在另外一些地方，他们又建造了水坝、发电厂和堤坝。有时候他们也会把臭臭的污水排放到我这里来。

这让你很受不了？

当然啰……许多从前生活在我河水里的动物早就已经消失了，我的河岸被裁弯取直，有几段甚至被灌上水泥，幸好只是一部分。有些地方还保有河谷低地，这是我偶尔会淹没的地带。

有时候，易北河的河床太窄了，于是河水就会泛滥。

为什么并非所有的河谷低地都能保存下来？

你们人类需要愈来愈多的农业用地，从前是湿地的地方，现在被用来盖房子。大多数的时候，这样做对你们有好处，可是有时却造成我的河床太窄，而引发河水泛滥。

那我们应该要把河堤和防波堤盖得更高一点吗？

事情没有这么简单。人类在许多河段也尝试这么做了，可是防波堤会破裂，使得更多的水从裂口流出去。我建议你们别再把易被河水泛滥的地方和湿地填平，变成农田和建筑用地。

有些鲑鱼已经开始再度生活在易北河了。

OK，我会把你的话传下去。对了，你最喜欢的动物是什么？

噢，我全都喜欢！在这里，有些动物几乎要消失了，不过，也有些逐渐回来了，像是鲑鱼，至少偶尔会出现几只；可惜我最喜欢的大西洋鲟还没回来。你知道鲟鱼可以活到 100 岁吗？真厉害，对不对？鳗鱼我觉得也很棒。

呃……鳗鱼看起来就像蛇一样！

别这样说，这听起来很粗鲁。鳗鱼是一种不可思议的动物，在它们生命的头几年，会把自己养得胖胖的，等到大约 10 岁的时候，会一整年不吃东西并游上 5000 千米，几乎快游到美洲了。它们在那里产卵，之后就会死亡。从鱼卵里钻出来的小鳗鱼会花 3 年的时间再游回来——能想象吗？3 年啊！它们在我的河水里逆流而上，然后分散到其他的河流、小溪、沟渠和水塘，它们的祖先当初就是从那些地方启程，接着在这里又花几年的时间把自己养胖，最后展开自己的旅程。很疯狂，不是吗？

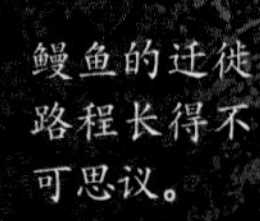

鳗鱼的迁徙路程长得不可思议。

湖边充满生命

天鹅高贵地划过水面，偶尔把头伸进水里找东西吃。天鹅会吃水下的植物，也会吃水蜗牛和小虾蟹之类的小动物。天鹅的长脖子可以伸进水下 90 厘米深，并把那里的植物扯下来给幼鸟吃。鸭子和白冠水鸡吃的东西也很类似，它们还会去啃食岸边的绿色植物。虽然它们没有天鹅那么长的脖子，但很会潜水，也能在浅水区寻找食物。

长途飞行

春天和秋天是动物界的旅行季节，几百万只鸟从它们生长的地方飞到过冬的地方，然后再飞回来，这些鸟包括许多雁属鸟类、鹳鸟和苍鹭。鹤可说是候鸟当中的明星，每年春天当它们在德国麦克伦堡州停留时，会有 10 万名鸟友跟随着它们一起旅行，只为了观赏这些优雅的鸟。

重要的休息站

许多候鸟会利用湖泊和湖泊周边的地区作为休息站。这有一点像我们在夏天去度假，当我们行驶在高速公路上，我们会驶进休息站稍做休息，吃点东西，上个厕所。鸟类可以一边飞行一边上厕所，可是要吃东西和休息，就得暂时中断旅程。有些候鸟会飞行几千千米，像苇莺这种长距离飞行的候鸟，会在秋天飞到非洲中部，到了春天再飞回欧洲。也就是说，它们每年都要飞行上万千米。

水蒲苇莺体型很小，为了去温暖的地方过冬，它每年要飞行上万千米。

你知道吗?

没错，的确是有能在水上行走的动物，例如水黾（俗名水蜘蛛）。在湖泊和池塘上常常能见到它，它的身体很轻，重量又分摊在六只脚上，因此水的表面张力就能够把它托住。水黾也靠着这 6 只脚来找寻食物，如果有昆虫掉进水里，会因为挣扎而产生振动，这时就会被水黾察觉。顺便说一下，水黾平常其实是怕水的，一旦下雨，它就会飞快地跑到岸上。

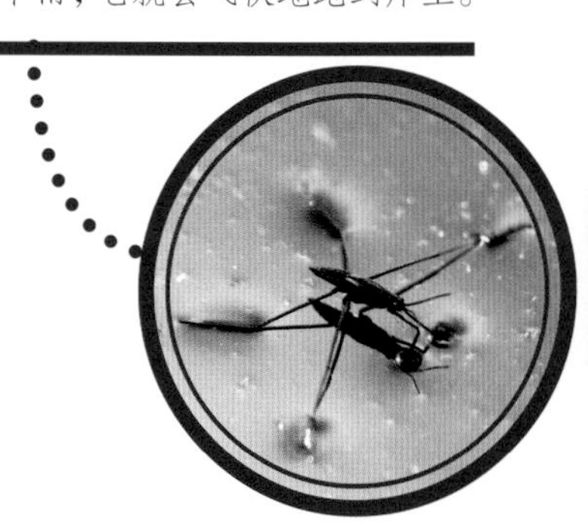

各种不同的动物都需要浅水区，像是水蛇（1）和苍鹭（2）。

深水是安静的……

可是也有浅水区！对于湖泊和池塘里的生命来说，浅水区特别重要。像芦苇、香蒲、茅草，这些植物替许多动物提供了育婴室：鱼类利用植物的茎作为保护来产卵，许多水鸟也在这些植物之间筑巢。

此外，昆虫和蜘蛛在这些植物丛中也觉得很自在，这又会引来像苇莺这样的鸟类。而青蛙和蛇这样的两栖类与爬行动物，也能在植物丛中找到食物和躲藏的地方。

大自然的污水处理设备

不过，浅水区所做的事还不只这些，它们像是一个污水处理设备。生活在湖里和湖面的动物排泄物就像是肥料，会使得水里的植物长得过于茂盛，这些植物生长到某个时候就会腐烂，在这个过程中会消耗大量的氧气，使得需要呼吸的鱼类缺氧，到最后水中的所有生命都会消失。但浅水区的植物会阻止这种情况发生，它们会利用那些养料来生长，同时把氧气释放到水中。

芦苇带

长着茂密芦苇的水岸，是动物很好的藏身之处。

只白冠水鸡带着它可爱的宝宝。

天鹅爸爸守护着它的宝宝，你得离它们远一点！

绿头鸭有不同的颜色，公鸭的颜色比母鸭鲜艳得多。

平坦的沿海浅滩

上午小孩子还在水里玩耍嬉闹，但吃过午餐回来后，海水却不见了，这令他们大吃一惊。发生了什么事？世界各地的海平面都会上升和下降，大约每隔 6 小时 12 分钟，海水的高度就会改变。海平面会升到多高、降到多低，每个地方都不一样，主要视陆地表面的情况而定。

在波罗的海沿岸，高水位和低水位之间差距大约 30 厘米，在北海沿岸则可以多达 3 米，在世界的其他地方差距有时候还要更大。因为北海的浅滩十分平坦，水面有时候会离陆地几千米远，根本就看不见。

潮汐是月球造成的

潮汐（也就是涨潮和退潮）的产生和月球的引力有关，和太阳的引力也有一点关系，但这些引力产生的作用要比地心引力小很多，否则海水会从地球流到月球上。再加上地球和月球的转动——月球绕着地球旋转，地球绕着太阳旋转，海水就动了起来。由于潮汐的关系，沿海的陆地会有一段时间被海水淹没，一段时间又再干掉，这样的地方就叫作潮间带。潮间带上最重要的居民，是一种叫作海蚯蚓的蠕虫。

海蚯蚓也是扁平的

海蚯蚓看起来就像一只被压扁的蚯蚓，只是比较长，大约有 40 厘米。这样的蠕虫有几千万只，大约每平方米就有 40 只。

横行的螃蟹

在潮间带散步的人通常会朝脚下看。可以看的东西可真多啊——贝壳、海星，还有普通黄道蟹的蟹壳。虾、蟹虽然都属于十足目，但是螃蟹在赶路时会横着走，而北海褐虾却笔直地向前移动！

螃蟹必须快走的时候会横着走，这跟它的身体结构和受地球磁场变化影响有关，因为它的五对脚在短短的蟹壳边排得太紧，所以只有朝向侧面才能跨出大步。

全方位视野

普通黄道蟹的眼睛位于眼柄上，所以它几乎有 360 度的视角。遭受攻击的时候，它会迅速把眼睛闭上。

海蚯蚓所做的事

海蚯蚓会吞食沙子，把沙子里所含的细菌和植物残余消化掉，然后把沙子交还给大自然。它会把尾部从所居住的 U 形穴道里伸出来，再把干净的沙子从身体挤出来，看起来就像一团意大利面。

知识加油站

- 所有的海蚯蚓一起合作，在一年里可以净化整片北海浅滩大约 20 厘米深的沙子。它们净化沙子的方式，就是把沙子吞食进去再排出来。

鸟类的天堂

潮间带为许多鸟类提供了一座真正的乐园，每次涨潮之后，它们能在这片浅滩找到大量来不及跟着潮水回到大海的小虾、小蟹。这些鸟类几乎什么也不必怕，因为在平坦的浅滩上，没有哪个敌人能够偷偷走近而不被发现。于是在退潮时，长腿的涉禽就在浅滩上嬉闹，并且捡拾潮水留下来的猎物。“涉禽”的得名是因为它们在浅水中涉水而行，属于涉禽的鸟类包括鸻鸟、滨鹬、翻石鹬。

在海里和陆地上都同样自在

海豹可以生活在水里，也可以生活在陆地上。在陆地上它必须用腹部匍匐前进，模样有点笨拙。可是在水中，它的速度几乎跟一匹奔驰的马一样快。海豹在海中捕食鱼类，母海豹在陆地上生下宝宝，并且给宝宝喂奶。在几百只海豹当中，母海豹能根据宝宝呼唤妈妈的声音认出它们。

海　星

海星喜欢吃贝类。它用腕足把贝类紧紧缠住、牢牢吸住，再用力拉扯，直到贝壳张开。

当潮水来临

沿海浅滩虽然平坦，涨潮后水位却很深，而且危险。常常有人溺水，因为他们自以为在涨潮的时候还来得及跑开。但是没有人能跑得比潮水快，因此如果没有熟悉当地情况的人陪伴，千万不要到浅滩去。

贻贝（俗称淡菜）

贻贝会过滤海水，滤出可以吃的小东西。

弯嘴滨鹬的喙微微弯曲，有点像镰刀。它用喙在浅滩上啄食可以吃的东西。

海豹可以潜到200米深的海中，并且可以在水里待上30分钟。

重新回归的物种和新居民

有些动物在德国已经绝迹了。不过，最近这几年随着环保意识提高，如今人类已经开始留些地方给愿意回来的野生动物，这当中有几个真正成功的例子，例如河狸。不过，也有愈来愈多原本不是住在当地的动物出现。

建造堡垒的河狸又回来了

德国境内的河狸因为人类的因素，在 20 世纪 60 年代之前全部消失，随后环保人士决定让河狸再度回来，于是将一对对的河狸放生到德国境内的许多河流附近，自此以后，它们的后代不断繁衍，极为兴盛。

河狸住在它在河岸斜坡挖出的洞穴里，如果河岸不够高，它就会往上搭建，建造出典型的木柴堆。河狸堡垒的入口位于水中，可以受到保护。如果水位不够高，这种水陆两栖啮齿动物就会建造水坝，把水拦住。为了建造水坝，河狸有时候会啃倒树木，这样做对它还有另外一个好处，就是能吃到可口的嫩芽，这是它在冬天主要的食物。而在秋天，河狸家族通常能在油菜、玉米和甜菜田里找到丰盛的食物，这些农田往往延伸到河岸斜坡上，真好吃！这些灵巧的动物会挖出地道，在农田里吃个饱，不过，农民可就不觉得这很有趣了。

河狸堡垒

如果没有河岸斜坡让河狸挖洞，它就会建造堡垒。

河狸能够在水里待上 15 分钟

典型的河狸咬痕

为了吃到有营养的嫩芽，河狸会啃断树木。只要拖得动的木头，都会成为河狸建造堡垒的材料。

从这张图可以看见河狸扁平的尾巴。这个尾巴能帮助它迅速潜入水中，如果遇上危险，还会用尾巴拍击水面来向家人示警。

貉妈妈和它的宝宝

浣熊既不是熊，也不洗东西（“浣”这个字有“洗”的意思）。

浣熊和貉

浣熊和貉有什么共同点呢？这两种动物本来都不住在德国，现在却分布得愈来愈广。它们的样子虽然相像，但浣熊来自北美洲，而貉来自亚洲。早期欧洲只有在毛皮动物养殖场才看得到浣熊，可能是有几只从里面逃了出来。貉则是大约 100 年前在俄国被猎人放生的，那些猎人希望貉能够繁殖，他们就能够猎到更多提供美丽毛皮的野生动物。貉和浣熊如今在欧洲许多地方扩散开来，它们都是杂食性动物，不过浣熊比较偏好肉食，而貉很喜欢吃浆果。

知识加油站

▶ 浣熊喜欢吃小虾、小蟹，会用前掌从河里把虾蟹捞出来，所以看起来就像是它在洗东西。

虽然遭到许多反对，但狼又回到了德国。

德国又有狼了。1998 年，一对小狼从波兰来到德国，在穆斯考尔原野上，找到了位于劳齐茨山区的军队演习场，作为它们落脚的地点。两年之后，变成了 6 只，因为这两只狼生了 4 只小狼。从那以后，它们的数量就一直在增加，已经准备要进驻德国其他几个州。头几年它们惹出了不少麻烦，因为人类怕狼，也已经忘了该如何与狼和平相处。当然，狼一有机会就会去抓羊，而一头羊在夜里若是被拴在户外的柱子上，那就像是一张发亮的霓虹灯广告，在邀请狼来吃一顿大餐。不过，如今人们已经渐渐习惯狼的存在，当第一对狼在下萨克森州定居时，大多数的人甚至表示欢迎。

小狼在争抢食物。它们的爸爸妈妈会带食物回来，有时候哥哥、姐姐也会替它们带回食物。

生活在斜坡上——山区的动物

山区的动物格外需要适应这个艰苦的生存空间，例如要度过漫长的冬天。有些动物会冬眠，其他的动物会把它们的能量消耗降到最低。这时候它们处于一种半昏迷状态，几乎一动也不动。在一年的其他季节里，它们的活动力就特别强。在短短的春天和夏天里，它们必须要吃很多东西，养育下一代，并且再度交配。

不需要翅膀也能飞起来

岩羚羊当然不是真的会飞，可是当它们跃过山崖，我们几乎相信它们会飞。母岩羚羊带着小羊过着群体生活，公羊大多数是独来独往。但是在秋天的交配季节，公羊会去找一群母岩羚羊，而它们往往必须和其他的公羊争夺。到了春天，公羊会离开母羊独自生活，直到下一个秋天。

令人印象深刻的羊角

羱羊也擅长爬山。这种动物的数量很少，在德国只有 300 只左右，受到严密保护。年纪比较大的公羊有雄壮的羊角，秋天的时候它们就用这对角来对抗其他的公羊，以争夺母羊。它们用角用力击打对手的角，发出巨大的声响，很远距离之外都听得到。

你知道吗?

在较高的山区没有狍子，但有它们体型较大的亲戚——赤鹿，这两种动物都只有雄性才有角。冬天，鹿角会脱落，第二年春天再长出新角。岩羚羊和羱羊的母羊头上也有角，而且一辈子都不会脱落，甚至还会继续长大。鹿角才会脱落，羊角不会。

对岩羚羊来说，几乎没有所谓太过陡峭的山坡。

赤鹿（1）有鹿角，羱羊有羊角（2）。在游戏和打斗时，公的羱羊会冲向彼此，把羊角重重敲在对方的角上，所发出的声音在很远距离之外都听得到。

是谁在吹口哨？

土拨鼠是群居动物，小土拨鼠一直跟着爸爸妈妈直到 3 岁，之后就会离开，另外建立自己的家庭。这种啮齿类动物白天大部分的时间都在吃东西、玩耍、整理彼此的皮毛。通常会有一只土拨鼠负责守卫，随时注视着天空，因为危险主要来自上方。如果有大型猛禽出现，负责站岗的土拨鼠就会吹口哨，它的家人就会飞快地躲进地洞。土拨鼠用睡觉的方式来度过冬天，它们会先吃很多东西，让身上长出一层厚厚的油脂，好让它们能撑过 6 个月的冬眠期。

空中之王

金雕在高空中盘旋，它也想要活下去，并且喂养下一代，因此它偶尔会捉到一只不小心的土拨鼠。金雕是技术高超的猎人，视力非常好，它的眼睛就好像自带放大镜一般，能够把视线范围内的片段画面放大。金雕一旦发现值得捕捉的猎物，能够以 300 千米 / 时的速度向猎物俯冲直下，猎物几乎没有机会逃走。

长着翅膀的杂技演员

黄嘴山鸦也是了不起的飞行艺术家，就算在强风之中，也能毫不费力地滑翔。山坡上常常会产生气流，给其他的鸟类带来麻烦，但黄嘴山鸦却似乎觉得气流很好玩。就跟所有鸦科的鸟类一样，山鸦也非常聪明，它们机灵地待在人类附近，喜欢停留在小屋旁边，从没有加盖的垃圾桶里取走食物，或是直接从盘子里偷吃，只要胆子大一点就会有回报，所以它们向来不胆怯。

总是会有一只土拨鼠站岗，在敌人接近的时候向家人发出警报。

大胆的黄嘴山鸦，黄色的喙是它们的特征。

金雕用爪子捕捉猎物，再用倒钩状的喙把猎物撕碎。

足智多谋的山区植物

并非只有动物才需要特别去适应山区的环境，植物也是一样。因为冬天寒冷漫长且常常带来积雪，雨水在岩石表面很快就会流走，不会渗入地底，所以不是花草和树木理想的生长环境。然而，只占欧洲面积百分之三的高山地区，却拥有欧洲五分之一的植物种类。

特别适合昆虫

许多山区植物在开花期间，会发出特别强烈的香气，不过植物这么做并不是为了让我们闻着高兴，而是为了吸引住在山区的少数昆虫。山区几乎没有蜜蜂，但是有熊蜂和蝴蝶，依赖昆虫传播种子的植物会想尽办法来吸引它们，于是这些植物纷纷开出色彩鲜艳的花朵，制造出花蜜——这是许多昆虫的食物。不过，植物还有其他方法可以传播种子，例如许多高原植物利用风来传播种子，像是蒲公英。只不过若要这样做，它们需要制造出大量的花粉，因为只有在非常巧合的情况下，才可能有一粒小小的花粉被吹落到一朵花上。

不起眼的明星

在高山植物当中，常绿的高山杜鹃特别能够适应山区恶劣的环境，它能同时从根部和叶片吸收水分，不怕冰霜，并能自行制造防晒物质来对抗高山强烈的日照。另外，它能替下一代形成腐殖土。这种植物可以活 50 多年，在冬天是岩羚羊等许多动物的重要食物来源，而它的德文名字（Gämsheide）就是从岩羚羊（Gämsen）来的。

你知道吗？

超过一定海拔的山区，就不再有树木生长，这是为什么呢？一个原因是太高的地方没有足够的土壤让树木扎根并从土中吸取养分；另一个原因是高山上常常吹着强风，气温变得很低。至于多少高度以上就不再有树木生长，这涉及好几种因素，所以每个地方都不太一样，在阿尔卑斯山，大约是 1800 米到 2200 米之间。

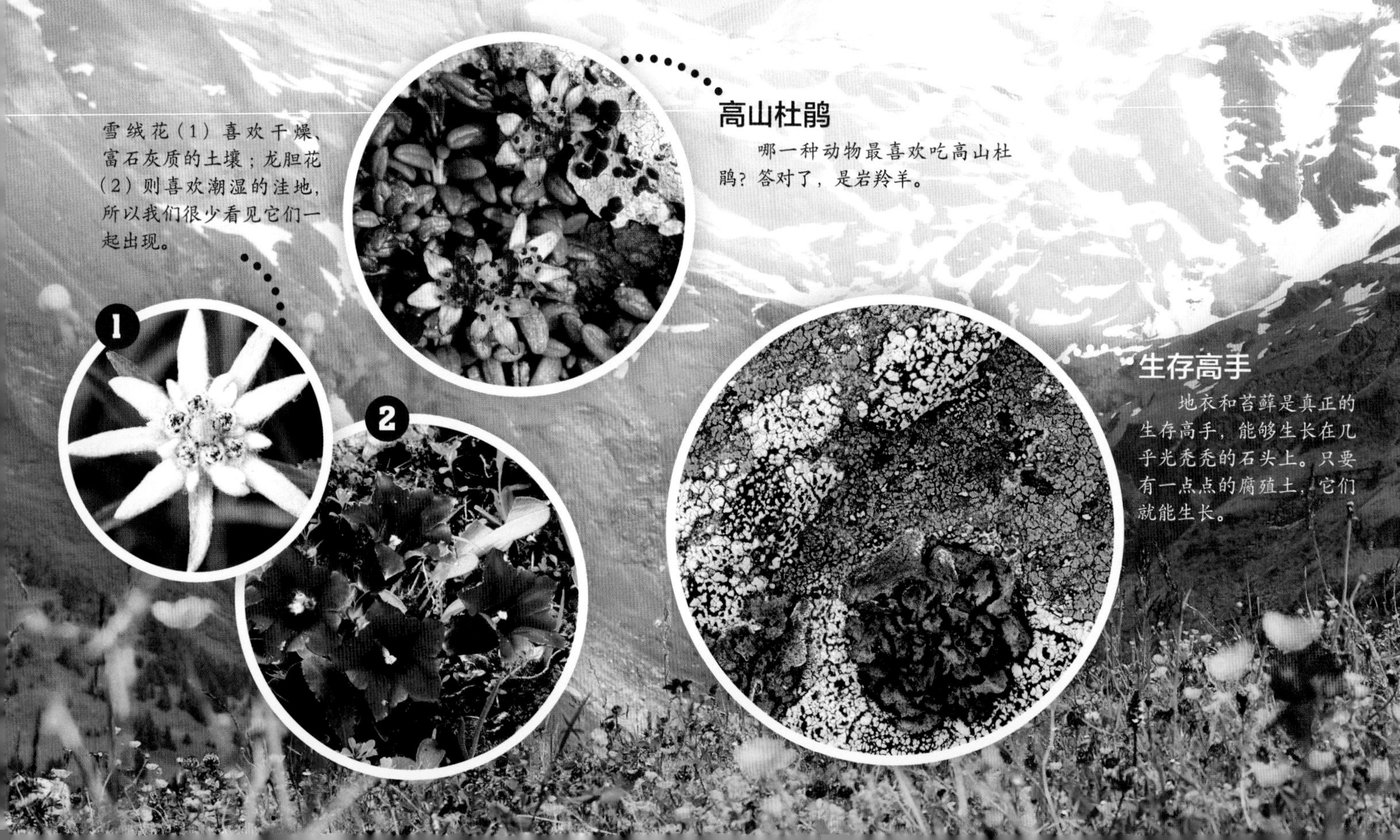

雪绒花（1）喜欢干燥、富石灰质的土壤；龙胆花（2）则喜欢潮湿的洼地，所以我们很少看见它们一起出现。

高山杜鹃

哪一种动物最喜欢吃高山杜鹃？答对了，是岩羚羊。

生存高手

地衣和苔藓是真正的生存高手，能够生长在几乎光秃秃的石头上。只要有一点点的腐殖土，它们就能生长。

这棵松树依赖一只鸟

瑞士五叶松生长在海拔 1300 米到 2000 多米之间，能耐得住 -40℃的严寒天气，而且它有一个好伙伴——星鸦。星鸦喜欢吃瑞士五叶松的种子，并会在冬天储存粮食，但在多岩石的山区很难把种子埋进土里，所以它会刻意去寻找土壤比较松软的地方。它就是用这种方式，替树苗创造出良好的生长条件。要不是有这种鸟，瑞士五叶松几乎没有繁殖的机会。

对瑞士五叶松非常重要的星鸦。

像熊蜂这样的昆虫在山区不常见，这对依赖昆虫传播花粉的植物来说，是一大挑战。

山间草地上的舞者

夏天，即使在高山上也有蝴蝶。图中最下方的黄凤蝶甚至能飞到 2500 米的高山上。

大自然不属于我们

色彩鲜艳的甲虫趴在大石头上，这样的景象令人惊叹。看着母鸭带着小鸭从湖面游过，或是看着小蜜蜂在花朵上吸食花蜜，也同样有趣。为了让大自然保持它的美丽，也为了让我们能永远在大自然中发现新事物，我们必须要尊重大自然。例如，我们不该把植物从土里拔出来，不该把菌类踩扁，也不该弄坏野鸭生的蛋。也就是说，我们必须要遵守一些规则，更何况大自然中还隐藏着一些危险。

森林里根本不该有垃圾。

这样做才对

1 不要吃你不认识的浆果和果实。别以为小鸟可以吃，就代表它们没有毒。有时候鸟类对一些毒物能免疫，但人类却不行。

2 如果要摘覆盆子或黑莓，记得要摘至少长在超过地面 1 米以上的。

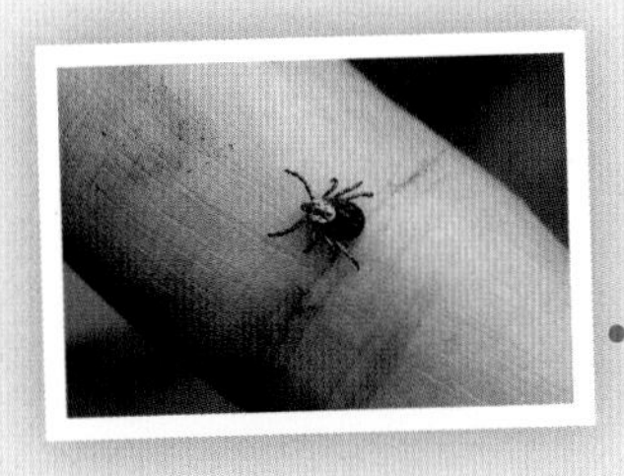

3 如果你曾在户外的草地逗留，最好检查一下皮肤上是否有蜱虫(也叫作扁虱)。这种动物本身虽然并不危险，却可能会传染疾病。如果你发现了一只蜱虫，请向大人求助，他会知道该怎么做。

4 如果你发现有动物需要帮助，可以请爸妈打电话到相关单位，或是打给附近的警察局，那里的人会知道谁能帮忙。

5 没错，刺猬是很可爱，但是它属于大自然。如果有刺猬遇到了危险，你家附近的野生动物急救站里的专家，最清楚该怎么做。

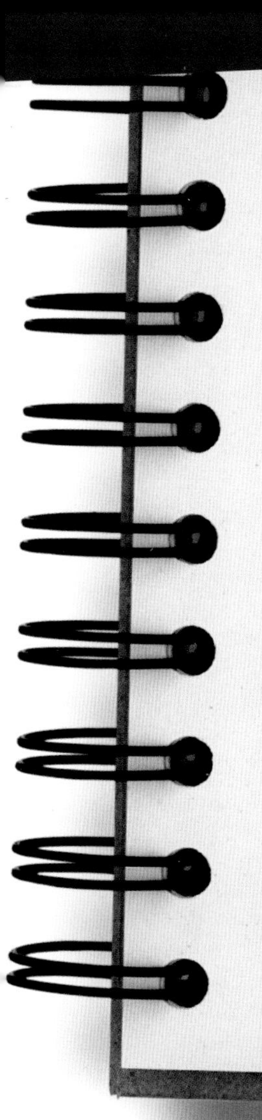

6 如果想要好好观察一只小青蛙、一只水黾（水蜘蛛）或是一只蜜蜂，你可以暂时把它们抓来，放在一个透明的容器里观察。但记得几分钟之后，一定要把它们再放回大自然中。

7 如果一只蜗牛粘在一棵树上，就让它挂在那里，因为这代表它把自己包起来了。如果太久没有下雨，它会用这种方法来保护自己，以避免干掉。

8 如果你走在森林里，记得要一直保持在道路上行走，不要从低层树木之间穿过。如果穿过树木，野猪妈妈可能会认为受到了威胁而攻击你。

9 绝对不要把垃圾丢弃在大自然里。

10 在原野上、草地上、小径上和森林里都不要大声喧哗，那可能会吓到动物。

如果一只天鹅觉得自己或是它的小孩受到威胁，它也会攻击人类。

你知道吗?

大叶独活是一种危险的植物，如果你去摸它，它会释放出一种汁液，使你的皮肤起水泡，让你又痛又痒。如果发生这种情况，在找到水清洗皮肤之前，先赶快用布把受伤的地方覆盖起来，因为这种汁液受到阳光照射时其作用更强。

就像去拜访朋友

事情其实很简单，你没必要把这些规则背下来，只要做到一件事：尊重大自然！尊重意味着替对方考虑，而且要有礼貌。当你到户外的大自然，就像是去拜访朋友，我们不该惹朋友生气，事情就是这么简单。

帮助大自然——大家一起来!

大自然替我们做了许多事，我们也可以稍微替它做点什么。再说，观察野生动物是非常有趣的事，尤其是当你替它们建造了休息的地方，而它们欣然接受了你的好意。不妨试试看!

昆虫旅馆

确实是有给昆虫住的旅馆。野生蜜蜂和熊蜂可以住进去，草蛉和蠼螋也能在那里找到一个家。没错，昆虫也很有用处，因为它们会吃危害植物的害虫，例如蚜虫。昆虫旅馆可以放在阳台、露台或是院子里，可以买现成的，也可以自己造一个，这一点也不难。

这个替昆虫准备的住处，简直像座五星级豪华旅馆。

建一个昆虫旅馆：

1. 首先需要一个背面封住的木框，例如，一个没有人使用的旧抽屉就很合适。至于填充材料，只要是中空的就行，可以用铁丝把填充材料钻几个洞，或是用麦秆和芦苇秆都可以。

2. 把全部的填充材料都切割成适当的长度，用绳子扎成一小捆一小捆，然后放进方框里。你也可以用空心砖，虽然空心砖的洞对昆虫来说太大了，但是你可以用树枝填塞。或是用钻孔机在木头上钻出大大小小的洞，再把木头放到抽屉里，比较重的材料放在下面，比较轻的叠在上面。

3. 现在再用两块木板做个屋顶，一座昆虫旅馆就完工了。悬挂起来的时候要注意，敞开的那一面对着正中午太阳所在的位置。

4. 一定要请大人帮忙，因为你或许需要爬到梯子上，这时一定要有人在旁边帮忙扶住梯子。

让蠼螋有个家

要替蠼螋造个栖息地很简单，只需要一个花盆、一根坚固的绳子、三根中等粗细的树枝，再加上一点干草或稻草。

1. 首先拿一根树枝，要比花盆底部的宽度稍微短一点，用一根坚固的绳子绑住，把绳子的另一端穿过花盆底部的洞拉出来。
2. 把干草或稻草塞进花盆里，但是不要塞得太紧。
3. 现在把两根树枝交叉，卡在花盆盆口边缘，让塞在花盆里的干草不会掉出来。
4. 把花盆倒挂在绳子上，让蠼螋可以从下面爬进来，例如挂在一棵树的树干附近。这样就完工啰！

你知道吗?

俗称“耳夹子虫”的蠼螋，不会做“夹耳朵”的事。那么，它的俗名是怎么来的呢？那是因为从前的人以为，用这种昆虫尸体制成的粉末可以治疗耳朵疾病和耳聋，这当然是错误的。顺带一提，这种昆虫的一对钳子是长在屁股上，意思是长在它的下半身。

小鸟戏水池摆放的位置，必须让小鸟能够及时看见偷偷接近的猫。

让鸣禽享受戏水的乐趣

天气炎热时，鸟儿也喜欢在浅浅的水洼里清凉一下，因为它们不会游泳，喜欢站在水洼中，把小脑袋稍微在水里浸一浸，这幅景象很有趣。它们可不能把全身弄湿，否则就会飞不起来。这些小型的鸣禽和水鸟不同，水鸟的羽毛表面有油脂，所以能够把水排开。如果你家有个院子，只需要找个浅盘，在盘子里装满水，一座观赏小鸟戏水的剧场就完工了。还有一件事很重要：每隔几天就得替盘子换上干净的水。

右图是草蛉，下图是熊蜂。

城市里的野生动物

有些野生动物也生活在城市里，例如蜜蜂、鸟类和兔子，甚至狐狸、鼬鼠和浣熊也住在城市，它们通常出现在公园中，有时也出现在院子里。在柏林，就连野猪也会去拜访住家的院子。而在慕尼黑，在穿过市中心的伊萨尔河边就有河狸居住。

最好跟它们保持距离

对于城市里有野生动物这件事，市民不见得感到高兴。例如，柏林的野猪造成不少损害，甚至曾经向狗冲过去。不过，有时其错在人，因为有的市民觉得野猪很可爱，所以用食物去引诱野猪，这样一来，野猪当然会更加靠近，结果就会遇上想要保护主人或是地盘的狗。如果遇到带着小宝宝的野猪妈妈，可能会更危险。总之，万一碰上野猪，最好是保持镇定，只要往另一个方向走就好。

绿头鸭在阳台的花坛里做窝。

小昆虫和蜘蛛（1）也很迷人。如果把蛞蝓（2）放在手心，就能感觉到它利用黏液在慢慢爬行。

这些小小的城市居民分别是红腹灰雀（1）、黑顶林莺（2）和鹪鹩（3）。

知识加油站

- 小鸟在城市里歌唱的声音要比在乡下大，因为它们必须要盖过马路上的噪声。

这只狐狸在等公交车吗？不！在城市这个生活空间里，它正警觉地观察周遭环境，但是并不胆怯。

你听见鸟声啁啾吗？

事实上，你碰上野猪的概率并不高。在城市里，最可能看到的是鸟类，尤其是乌鸦和鸽子，因为它们体型很大。不过，其他种类的鸟也为数不少，特别是在城市的公园。几乎每一座池塘都有鸭子或天鹅在戏水，有时候也有鹅。山乌、红胸鸲在林间歌唱、筑巢，也许还有鹪鹩或是黑顶林莺。不过，请不要喂食乌鸦、鸽子、鸭子、天鹅和鹅，许多城市甚至禁止大家这么做。它们当中有许多已经太胖了，而且让它们吃面包并不健康。不过，有些小鸟是我们可以帮忙照顾的，例如鸣禽在冬天很需要我们的协助。

何不在家中摆设一个小小的鸟屋呢？阳台是个合适的位置，可以好好观察小鸟，像是图中这只蓝山雀（左）和白脸山雀（右）。

城市里的嗡嗡声

大多数的人以为蜜蜂只住在乡间，勤劳地到庭院和农田采集花蜜，制成蜂蜜来喂养下一代。但实际上，由于蜂蜜、蜂王浆、蜂胶、花粉、蜂蜡等产品都是人类所需要的，因此人工养殖蜜蜂的历史已有数千年之久。

蜜蜂既勤劳又有用

许多会制造蜂蜜的蜜蜂，是由养蜂人养殖和照顾的，因此它们属于有用的动物，几乎就跟牛或猪一样。蜜蜂替我们采集花蜜，加工制成蜂蜜，储存在蜂室里。蜂蜜原本是蜜蜂用来喂养下一代的食物，可是养蜂人取走了蜂蜜，再用糖水代替，这样一来，人类得到了蜂蜜，而蜜蜂宝宝也还是有足够的食物让它们长大。蜜蜂用蜂蜡做成蜂室，蜂蜡也有用处，例如拿来做蜡烛。

重要的授粉者

不过，蜜蜂对我们的用处不仅在于会制造蜂蜜，更重要的是它们和其他昆虫会替花朵授粉。假如没有它们在春天从一朵苹果花飞到另一朵苹果花上，我们就几乎不会有苹果可吃。花蜜就藏在花的底部，蜜蜂飞进花朵中，用口器把花蜜吸进蜜囊，等到离开时，这朵花的花粉就会沾在身上，它们带着这些花粉飞到下一朵花上，只要一粒花粉就可以让这朵花的雌蕊受精。举个例子来说，在一棵苹果树上，蜜蜂能让春天开着苹果花的部位长出一颗苹果来。对蔬菜、花卉和许多果树来说，情况也是如此。种子在果实里慢慢成熟，拿苹果来说，它的种子就藏在苹果核，从苹果核里可以再长出新的苹果树。

你知道吗?

说到蜂，我们自然而然会想到成群居住、会制造蜂蜜的那一种。其实，也有许多种类的蜂是独自生活，没有女王蜂，也没有蜂群。例如木蜂，它们在墙壁、地洞、枯木或是石缝里，利用叶片、泥土和自己的唾液筑巢。

光是在柏林就有大约700个城市养蜂人，他们把蜂箱放在屋顶上，或是放在大城市边缘的其他安全地点，有时候甚至就放在市中心。

会授粉的不只是蜜蜂

除了蜜蜂之外，还有很多不同种类的昆虫也确保我们有足够的食物，并且帮忙花朵和树木繁殖下一代，这些昆虫包括熊蜂、食蚜蝇、蝴蝶和野蜂。然而，它们在乡间却碰上愈来愈大的麻烦。在大自然中，需要有许多不同种类的植物，在不同的季节开花，才能确保昆虫从春天到秋天都有足够的食物。可是现代农业种植单一作物的农田面积愈来愈大，例如油菜——大片的油菜花在春天开出鲜黄色的花朵，昆虫成群地朝这些花朵飞去，可是等到这些花谢了之后怎么办呢？那时候在这些昆虫飞得到的地方，往往就找不到其他的东西可吃。

在阳台上养一片开花的草地，这是行得通的。就算花园再小，蜜蜂、熊蜂和其他种昆虫肯定都能找到！

城市蜜蜂来帮忙

在城市里情况就不同了，这里的蜜蜂能找到许多在不同季节开花的庭院花草和树木，而且花草树木往往离得很近。这种情况很理想，难怪有愈来愈多的养蜂人，把蜜蜂带进城市，也有愈来愈多的野生蜜蜂出现在城市里。

慕尼黑市的儿童在体验蜂蜜是怎么取得的。

养蜂人穿上避免被蜜蜂螫到的防护衣，然后从蜂箱里取出一个满满的蜂巢。

蜜蜂腿上厚厚的那团黄色就是花粉粒，蜜蜂会带着这些花粉飞到下一朵花上。举例来说，就是靠着蜜蜂授粉，才会长出苹果来。

名词解释

两栖类：在陆地上和水中都能够生活的动物，它们是产卵的，而且有脚，例如青蛙、蟾蜍和蝾螈。

巢　穴：指鸟兽藏身的地方。

鸟类求偶：许多雄鸟为了追求雌鸟会有求偶的举动。它们会以各种不同的方式来引起雌鸟的注意，有些是唱歌，有些甚至会跳舞，例如黑琴鸡，它们会一再重复特定的连续动作。

授　粉：许多被子植物会借由风、昆虫或鸟将雄蕊的花粉传递到雌蕊上来进行繁殖。

外来种动物：本地原来没有的动物，但后来在此地繁衍。

外来种植物：本地原来没有的植物，但后来在此地繁衍。

演　化：植物和动物遗传特征的演变过程，有时候要花几千年的时间，有时候只需要几个世纪。

粗放耕作：是集约耕作的反义词。土地虽然也被人类利用，但是只放牧少数动物，并且不使用人工肥料或农药。

抱蛋窝：有蛋的鸟窝。

腐殖土：森林中表土层树木的枯枝残叶经长期腐烂发酵后而形成。

人文景观：是人们在日常生活中，为了满足一些物质和精神等方面的需要，在自然景观的基础上，叠加了文化特质而构成的景观。

体外授精：是一种精子与卵子在雌性生物体外结合产生配子的一种受精方式。进行体外受精的生物包括许多鱼类与两栖类，以及部分的植物。

沼　泽：永远呈潮湿状态的地区，死亡的植物未完全分解，逐渐堆积形成泥炭。泥炭会堆积，于是沼泽的表面就会升得愈来愈高。

啮齿动物：包括啮齿目和兔形目。重要特征为上颚和下颔各有两个不断生长的门牙。

啮齿动物的门牙：跟普通的牙齿不同，啮齿动物的门牙会一直生长，且必须不断磨短，例如河狸和老鼠。不过，野兔和家兔的前牙也会一直生长，但它们不属于啮齿目，而是属于兔形目。

哺乳动物：幼兽出生时已经是小动物的样子，而不必经过孵化，母兽在幼兽刚出生的那段时间会用乳汁哺育幼儿。

早熟型动物：很快就会离巢的动物，例如天鹅和灰林鸮的幼鸟。

晚熟型动物：较长时间待在窝里或巢里，受父母亲照顾及喂养的动物。

生态系统：至少两种动物或植物，生活在同一个范围内（生存空间），彼此之间有着攸关生存的关系。

植物群落：在一定的生存条件下（例如：土壤的性质、日照的情况），生活在同一个生存空间里的植物种类组合。

爬虫类：爬虫类会产卵，有的没有脚，例如水蛇。

野　猪：又称山猪，猪属动物。野猪不仅与家猪外貌极为不同，成长速度也远比家猪慢得多，体重亦较重。

再引进物种：曾经灭绝，但又再回到原来分布地区的动物或植物。

潮　汐：海边交替出现的涨潮和退潮现象。

水域的优养化：水中养分太多会导致植物过度生长。要分解死掉的植物残株会消耗掉水中全部的氧气，最后水里所有的生命都会灭绝。

图片来源说明/images sources:
Action Press: 7上左(BECKER + BREDEL GbR), 17上右(FOTOPOLLEX), 29上右(K. Horstmann), Avenue Images: 28中左(W. Kunz/AgenturBilder-berg), Arco Images:9下右(M. Delpho), Bildagentur-online/McPhoto: 14右(Nilsen), 14右(Rolfes), 27下右(Fowler), 34中右, 35下右(E. Thielscher), 37下左(Himsl), Biosphoto: 2上右(J.-L. Klein & M.-L. Hubert), 2下左(A. Petzold), 2下中(J.-L. Klein &M.-L. Hubert), 3上右(S. Cordier), 9上左(F. Desmette), 12下中(F. Cahez), 12/13 (Hg. - P. Huguet-Dubief), 20下左(A. Petzold), 20下左(J.-L. Klein & M.-L. Hubert), 22 (Hg. - J.-L. Klein & M.-L. Hubert),22上右(D. Gest), 35上右(S. Cordier), 31上左(E. Balança), 31上左(J. Frippiat), 36/37 (Hg. - M. Lane), 43下右(S. Dhier), 47下(M. Rauch), Blickwinkel: 8上右(M. Hoefer), 9中左(W. Layer), 9下左(J. Fieber), 15上右(R. Kaufung), 21上右(G. Franz), 21下右(J. Fieber),21下右(F. Hecker), 24上右(McPHOTO), 28/29 (Hg. - P. Fuchs),30上(F. Herr-mann), 32上右(F. Hecker), 38中左(H. Schulz), 38下左(H. Schulz), 38下右(S. Derder), 38/39 (Hg. - P. Frischknecht), 40中左(allOver), 41上右(F. Hecker), 42中中(F. Hecker), 43中右(F.Hecker), 45下左(F. Hecker), 46中右(F. Hecker), Clipdealer: 17上右(Claudiaotte), Cover-picture: 23上左(M. Weirauch), ddp images: 25下左, Deutsche WildtierStiftung: 44中右(T. Martin), Dreamstime: 18下右(Pablo631), Hecker, Frank: 43上左, 43上中(2. Schritt), 43上中(3. Schritt), 43上右, Fischer, Berndt: 14左, F1online/Imagebroker: 17下右(Cultura Images), 23下右, 29下右, 42中右, Fotolia: 25下左(photo5000), GAP Gardens: 47上右(D. Zu-braski), Getty: 8/9 (Hg.), 13中左(S. Allen), 35上左(R. Linke),Gruppe28: 46 (Hg. - E. Tourneret), Hackbarth, Annette: 47中右,Hopf, Dieter: 36下中, 41下中, 41中右, Imago Sportfotodienst: 29中右(imago stock&people), iStock: 8中右(PhotoHamster), 15中右(vtupinamba), 18上右(rambo182), 19 上左(aleksandarvelasevic),42上右(Pannonia), 43下右(Antagain), Juniors Bildarchiv: 13下右(Photoshot), Laif Travel: 5下右(H. B. Huber), Laußer, Daniela: 18/19(Hg.), 19下中, Mauritius Images: 2下右(Alamy), 8上右(G. Lacz), 8中右(I. Schulz), 20下中(Alamy), Mecom: 43下中(F. Roth), Möllers,Florian: 3下右, 44下中, 44上, 45右, Nature Picture Library: 3上左(K.Hinze), 3下左(P. Cairns), 6上(F. Möllers), 8中右(R. Thompson), 9中左(I. Shpilenok), 11上左(A. Hyde), 15下右(K. Taylor), 21上左(G. Smith), 25中左(I. Arndt), 25下右(Aflo), 25中右(LoicPoidevin),26/27 (Hg. - S. Zankl), 27中(A. Parkinson/2020VISION), 27下左(V. Munier), 30下左(D. Bevan), 31 下(Wild Wonders of Europe/Möllers), 31下左(M. Poinsignon), 31下左(J. Waters), 32上左(S. Daly), 33下右(K. Hinze), 36下右(D. Pattyn), 37下右(P. Cairns), 37中左(E. Giesbers), 39上右(P. Clement), 39中右(A. Sands), 39下中(N. Upton), 40下右(D. McEwan), 44下右(P. Harris/2020VISION) Okapia: 21下右(H. Glader/KINA), Picture Alliance:5上右(J. MCCONNICO), 38下左(A. Donner-Rehm), 40中左(G. Delpho/WILDLIFE), 40上右(P. Pleul), 40下右(N.Benvie/WILDLIFE), 43下左(W. Layer), 45上中(M. Varesvuo/WILDLIFE),47下左(P. Steuer), Photoshot: 9下中(Imagebroker), 33中右(L. Campbell), 34下(D. Chapman), Plant fort the Planet: 4下左,Premium: 7下左(H. v. Radebrecht/IBR), 10下左(J. Calzado/AGE),10下中(Zoonarmurxxx/EASY), 11上左(Kubais/EASY), 13中中(J&C Sohns/AGE), 16下中(K. Nielsen/EASY), 17(Hg. - M. Almqvist),20/21(Hg. - M. Breuer/AGE), 24/25 (Hg. - M. Bednar/EASY), 25上左(McLean/FLPA/AGE), 27上左(S. Arndt/AGE), 27中左(H. Lang/IBR), 30下右(Waldhäusl), 32下右(A. Weisser/IBR), 32/33 (Hg. - R.Neumann/EASY), 33下左(H. Jegen), 34下右(C. Krutz/AGE), 37下中(I. Schulz/IBR), 38上右(R. Hölzl/IBR),38下左(A. Sarti/IBR), 39下左(Siepmann/IBR), 39中左(P. Schütz), 41上左(Zoonar/AGE),48上右(P. Schütz), Prisma:37上右(D. Bevan),Schapowalow:7中左(Arcangelo Piai/SIME), 16下右(G. Gräfenhain), Setzpfandt, Michael:4下右, Shotshop.com: 7中右(Pilz - K. Jähne), 7中右(Landschaft - K. Jähne), 23中右(Lianem), 31下左(F. Dobbert),Shutterstock:1(Hg. - A. F. Kazmierski), 2下左(FomaA), 4/5(Hg. - Foto Bouten),6下左(FomaA), 7中(R. Lesniewski), 8中右(yuris), 8下右(N. Koryanyong), 9中左(E. Kyslynskyy), 9中左(BMJ), 10 上中(pzAxe),10中右(filmfoto),11下左(Zerbor),11中(I.Vincer),11上右(P. Scapinachis),12中左(E. Kyslynskyy),13上右(E. Kyslynskyy),16左(Mark III Photonics),20中右(E. Isselee),20中右(xpixel),21上左(T. Reichner),21上左(G. Hooijer),21上左(CreativeNature.nl),24/25(Hg. - Serg64),31右(R. Cerruti), 33上右(C. Musat),40下/41上(juat),45上左(V. Davydov),45上左(M. Woodruff), Ullstein Bild:23上右(Albers),Wagner,Hanna:7下右
封面图片:U1:Nature Picture Library (N. Benvie),U4:Picture Alliance(WILDLIFE/ N.Benvie)
设计: independentMedien-Design

内 容 提 要

本书以探究与保护为主题，向孩子介绍了森林、水域、山区、原野与城市的自然生态，了解各种生态环境的动植物，了解如何保护大自然。《德国少年儿童百科知识全书·珍藏版》是一套引进自德国的知名少儿科普读物，内容丰富、门类齐全，内容涉及自然、地理、动物、植物、天文、地质、科技、人文等多个学科领域。本书运用丰富而精美的图片、生动的实例和青少年能够理解的语言来解释复杂的科学现象，非常适合7岁以上的孩子阅读。全套图书系统地、全方位地介绍了各个门类的知识，书中体现出德国人严谨的逻辑思维方式，相信对拓宽孩子的知识视野将起到积极作用。

图书在版编目（CIP）数据

穿越大自然 / （德）安妮特·哈克巴特著 ；姬健梅译. -- 北京 ：航空工业出版社，2021.10（2022.1重印）
（德国少年儿童百科知识全书 ：珍藏版）
ISBN 978-7-5165-2743-6

Ⅰ. ①穿… Ⅱ. ①安… ②姬… Ⅲ. ①自然科学－少儿读物 Ⅳ. ①N49

中国版本图书馆CIP数据核字（2021）第200056号

著作权合同登记号
图字 01-2021-4063

Natur. Erforschen und schützen
By Annette Hackbarth
© 2013 TESSLOFF VERLAG, Nuremberg, Germany, www.tessloff.com
© 2021 Dolphin Media, Ltd., Wuhan, P.R. China
for this edition in the simplified Chinese language
本书中文简体字版权经德国Tessloff出版社授予海豚传媒股份有限公司，由航空工业出版社独家出版发行。
版权所有，侵权必究。

穿越大自然
Chuanyue Daziran

航空工业出版社出版发行
（北京市朝阳区京顺路5号曙光大厦C座四层 100028）
发行部电话：010-85672663 010-85672683

鹤山雅图仕印刷有限公司印刷 全国各地新华书店经售
2021年10月第1版 2022年1月第2次印刷
开本：889×1194 1/16 字数：50千字
印张：3.5 定价：35.00元